TSUKUBASHOBO-BOOKLET

暮らしのなかの食と農——32

条件不利地域農業

英国スコットランド農業と
農村開発政策

井上和衛
Inoue・Kazue

筑波書房ブックレット

まえがき

　筑波書房ブックレット「暮らしのなかの食と農シリーズ」は、食と農の問題を読者に分かり易く、手に入れ易い価格で刊行するものです。

　今回で第10回配本となりますが、シリーズ㉛は白石雅也先生による『今、ここがあぶない日本の農業』とし、各地域で抱えている問題点を指摘し、さらに解決策をさぐります。シリーズ㉜は井上和衛先生による『条件不利地域農業──英国スコットランド農業と農村開発政策』とし、英国スコットランド農業を取り上げ、条件不利地域農業の現状と農村開発政策の取り組み状況を紹介します。シリーズ㉝は村田武先生による『現代東アジア農業をどうみるか』とし、最近のアジア農業の動向を報告いただきました。シリーズ㉞は山本博史先生による『現代日本の農協問題』、シリーズ㉟は北出俊昭先生による『協同組合本来の農協へ──農協改革の課題と方向』では、農協改革の問題点と課題について報告いただきました。

　今回のシリーズ発行によって35点となります。

　「農」を知り、「食」を理解するために、皆様の本シリーズのご利用・ご活用を心から願っております。

　2006年3月

　　　　　　　　　　　　　　　　　　　　　　　　　筑波書房

目　次

　　まえがき……3

Ⅰ　はじめに──なぜ、条件不利地域農業か …………………………7

Ⅱ　スコットランド農業の現状…………………………………………11
　1　スコットランドとは……11
　2　農業・農村の経済的地位……13
　3　農業の土地利用形態……17
　4　農業構造……19
　　(1)　スコットランド農業の推移　19
　　(2)　農場の土地保有規模　23
　　(3)　家畜飼養農場割合及び飼養規模　24
　5　農業経営……25
　　(1)　農場タイプ及び農場事業規模　25
　　(2)　農場所得及び直接補助金　29
　6　補助金支出……31
　　(1)　補助金支出　31
　　(2)　農業の公共的性格　33

Ⅲ　スコットランド農村振興支援対策の状況 ………………………35
　1　農村振興支援対策の区分……35
　2　主な農村振興支援対策の要点……36
　　(1)　LFASS（条件不利地域支援計画）　36
　　(2)　FBDS（農場ビジネス振興計画）　37
　　(3)　WFRS（農場全体見直し計画）　38
　　(4)　OAS（有機援助計画）　39

(5) LMCs 2005（土地管理契約メニュー計画）　40
　3　行政支援を受けた農場の事例……46
　事例1　Cossarhill Farm（羊繁殖専門、自助型コテージ経営）……47
　　(1) 農場経営　47
　　(2) ツーリズム・ビジネス（自助型コテージ経営）　48
　事例2　Oakwood Mill Farm（有機畜産複合経営）……51
　　(1) 農場概要及び設立経緯　51
　　(2) 家畜飼養及びマーケティング　53

Ⅳ　まとめ——スコットランド農村振興支援対策の特徴　………56
　1　公共性……56
　2　体系性・相互関連性……57
　3　個別農場の取り組みに対する支援助成……58

I　はじめに——なぜ、条件不利地域農業か

　グローバル化した自由貿易体制の構築をめざすWTO・FTA体制の下で、政府の農産物価格支持をはじめとする農業保護措置の削減・撤廃が続き、農業・農村をとりまく情勢は一段と厳しくなってきています。
　我が国の場合、とりわけ、生産諸条件が劣る中山間地域等では、高齢化、過疎化がすすみ、耕作放棄が広がり、地域社会自体の存亡にかかわるような危機的状況に直面しています。そうした事態を踏まえ、我が国政府は、平成12年度から5年間、中山間地等直接支払い制度を実施し、さらに、平成17年3月策定の新しい食料・農業・農村基本計画に基づき、中山間地等直接支払い制度の継続を決めました。
　中山間地等直接支払い制度は、この5年間の実績から耕作放棄発生の歯止め、農業の多面的機能の維持に、それなりの役割を果たしたと評価されていますが、地域農業再生、地域活性化につながり、事態を大きく変えるような状況とはなっていません。一方、戦後農政の総決算、市場原理主義の徹底をめざす「農政改革」の下で、農業の担い手の大幅な絞り込みにつながる品目横断的経営所得安定対策（日本型直接支払い）の準備が着々とすすめられています。いま、そうした「農政改革」によって、世界最大の食料

輸入国となり、先進国中最低の食料自給率となった我が国の農業・農村の再生、食料自給率の向上が図れるかどうかが大きく問われています。今日、WTO・FTA体制の下で、食料・農業・農村のかかえる諸問題の解決は、我が国だけでなく、その程度と内容は国によって異なるとしても、世界中の共通課題となっています。

ちなみに、EU（欧州連合）は、1980年代後半以降、共通農業政策（CAP）の農産物価格支持の下で顕在化した農産物過剰と環境破壊（化学肥料過剰投入等）の同時解決を目指し、これまで、さまざまな矛盾を抱えながら、デカップリング政策（生産と所得の切り離し政策＝農産物支持価格の引き下げと直接所得補償のセット）を実施し、農村開発政策（農村経済の多角化に基づく農村地域振興）に取り組んできましたが、今日、さらなる市場原理に基づく農業の生産調整を目指して、CAP改革に取り組んでいます。

2003年6月、EU農相会議は、EUアジェンダ2000に基づくCAP改革に合意しました。合意内容の柱は、第1にデカップリングの促進、第2に農村開発政策の強化、第3に「CAPの市場支持に関する部分の修正」です。第1のデカップリングの促進は、これまでの直接支払を生産からより切り離す「単一農場支払い計画（Single Farm Payment Scheme）」への置き換え、第2の農村開発政策の強化は、農村開発措置への市場措置からの一層の資金移転や新たな農村開発措置の導入資金を直接支払減額（「モジュレーション（modulation）」）で担保すること、第3の「CAPの市場支持に関する部分の修正」は、個々の作物に関する市場介入メカニズムの大幅な改革や支援メカニズムの調整と2013年まで固定された農業予算を超えないように財政規律メカニズムを通じて行うと

いうものでした。

　その結果、EU共通農業政策は、直接支払いの受給条件として適正農法（Good Farming Practice）及び環境保全条件（Good Agricultural and Environmental Condition—GAEC）に関するクロスコンプライアンス（共通遵守事項）の設定など、環境政策重視の方向をより強化し、WTO農業交渉とも関連し、「青の政策」から「緑の政策」への移行をより強化することになりました。したがって、環境政策とワンパッケージの農村開発政策が、今後、どのように展開するか、その成り行きが注目されています。とりわけ、我が国の中山間地域対策とも関連して、市場原理に基づくCAP改革の下で、今後、EUの条件不利地域対策がどうなるか、その取り組みが注目されます。

　英国は、1973年にEC（欧州共同体・EUの前身）に加盟するかなり以前から、スコットランド、ウェールズ、北アイルランド、イングランド北部及び南西部の一部を対象とした山岳・劣等地農業保護政策を実施しており、EC加盟に際し、当時、ECは当該政策を実施していなかったので、ECとして、山岳・劣等地農業保護政策を取り上げるよう強く要望しました。それが契機となって、ECは、1975年から条件不利地域対策の実施に踏み切り、それが継続し、今日のEU条件不利地域政策（以下、LFA政策）に引き継がれています。LFA政策とは、一言でいえば、農業の生産条件が不利な地域の農業の存続、最低限の人口水準の維持と景観の保持のために、農用地面積に応じた補償金を農業者に直接支給するといったものです。

　LFA政策で対象となる地域（LFA指定地域）は、山岳地域、普

通条件不利地域、特殊ハンディキャップ地域の3種類からなり、山岳地域は、①標高及び困難な気象条件により、作物の生育期間が相当短いこと、②機械の使用が困難、または高額の特別な機械の使用が必要な急傾斜地が地域の大部分を占めること、また、普通条件不利地域は、①生産性が低く、耕作に不適な土地が存在すること、②自然環境に起因して、農業の経済活動を示す主要指標に関して、生産が平均より相当低いこと、③人口の加速度的な減少により当該地域の活力及び定住の維持が危うくなっている地域であること、そして、特殊ハンディキャップ地域は、環境保全、田園維持、観光資源保全、海岸線の保護のため、農業の存続が不可欠な地域であることが、指定要件となっています。

　すなわち、EUのLFA地域は我が国の中山間地域と共通する問題を抱えている地域であるといえます。したがって、EUのLFA地域の農業の存続、農村の人口維持、環境保全、景観維持のための取り組みは、我が国の中山間地域対策を考えるうえで、示唆するところが多いものと思われます。

　そこで、ここでは、国土の8割以上がLFA地域に指定されている英国スコットランドを取り上げ、スコットランドにおける農業の現状と農村開発政策の取り組み状況を紹介してみたいと思います。本稿は、2005年10月上旬、筆者らが、英国スコットランドに出かけ、スコットランド行政庁環境・農村関係省（Scottish Executive Environment & Rural Affairs Department）で事情聴取及び資料収集を行い、Scottish Borders地方の農場での事情聴取を行った調査結果に基づくものです。本稿で利用した資料は末尾に一括掲載しておきます。

II　スコットランド農業の現状

1　スコットランドとは

　まず、スコットランドとは、どんなところか、簡単に紹介しておきます。スコットランドは、英連合王国（UK）の一部であり、その領域はグレートブリテン島の北側三分の一と周辺島嶼部とからなり、総面積約7万9千km²で、我が国の北海道よりやや小さく、気象条件は、北の高緯度に位置している割には、メキシコ湾流と偏西風の影響により、比較的穏やかです。しかし、北部地域（ハイランド地方）は山岳地帯であり、氷河に削られた丘陵や陸地に食い込んだフィヨルドなど北欧に近い地形で、グレートブリテン島最大の淡水湖であるネス湖、顕著な野生動植物の生息地であるシェトランド諸島、オークニー諸島、ヘブリデス諸島等々の周辺島嶼部からなり、また、南東部地域（ローランド地方）は、比較的平坦でなだらかな地域ですが、イングランドと境するScottish Borders地方は起伏の多い丘陵地帯です。したがって、国土の86％がLFA指定地域で、牛や羊の放牧にしか適しない土地が多いといった状態です（図1）。

　スコットランドの行政は、地方分権化の推進に伴い、1999年、

図1 スコットランドのLFA地域

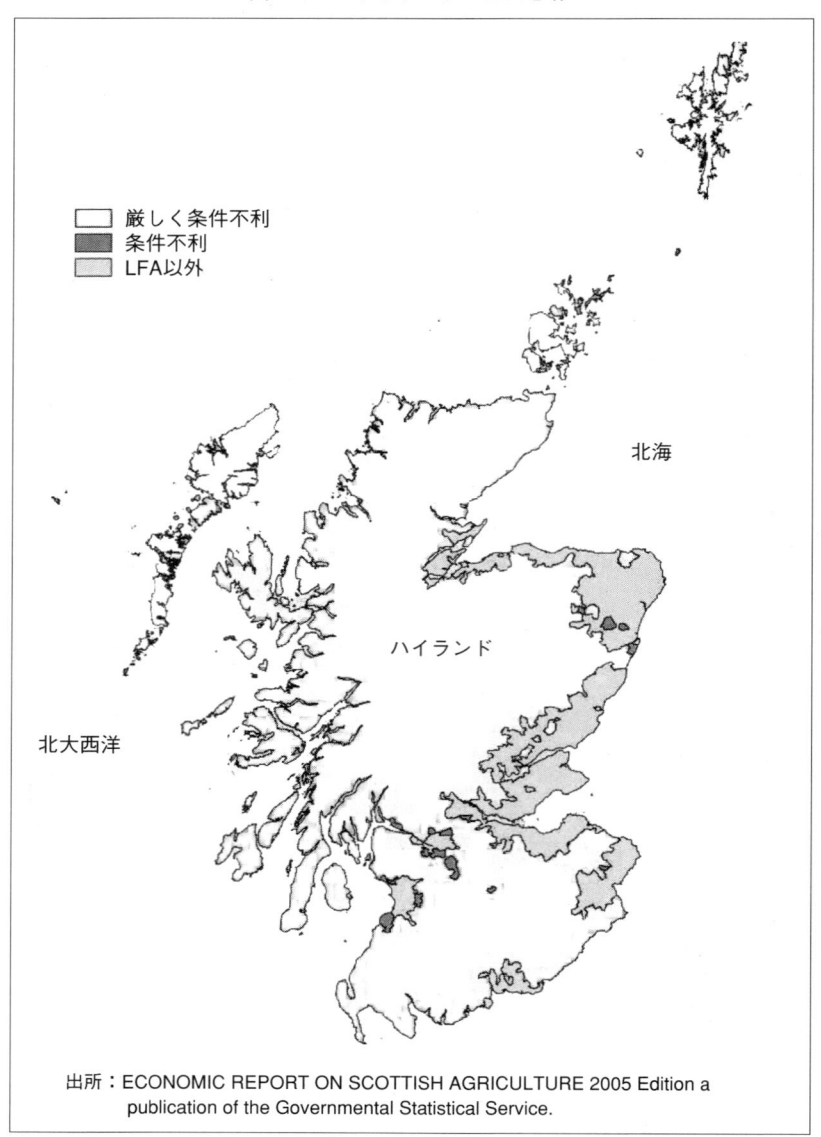

凡例：
- 厳しく条件不利
- 条件不利
- LFA以外

北海

ハイランド

北大西洋

出所：ECONOMIC REPORT ON SCOTTISH AGRICULTURE 2005 Edition a publication of the Governmental Statistical Service.

292年ぶりにスコットランド議会が復活し、議会の下に設置されたスコットランド行政庁（Scottish Executive）が管轄しています。農業に関する行政は、スコットランド環境・農村関係省（Scottish Executive Environment & Rural Affairs Department、以下、SEERAD）が担当しています。

2　農業・農村の経済的地位

次に、スコットランドの人口、農業就業者数、産業別雇用労働者数、国内総生産（DGP）、農業の総産出額及び総投入額、農業総所得額、直接補助金総額からみたスコットランド農業の経済的地位を検討しておきます（**表1**及び**表2**参照）。

スコットランドの人口は508万人で、就業者総数が244万人、うち農業就業者数（専業、兼業、季節・臨時の合計）は6万8千人で、就業者総数の2.8％でしかなく、したがって、農業の就業者比率は低く、就業者の圧倒的多数が他産業就業者です。参考までに、産業部門別雇用労働者数をみておくと、雇用労働者総数が222万7千人（2004年）で、「公務・教育・保健医療」が61.5万人（27.6％）で最も多く、次いで、雇用労働者数シェア10％以上の産業部門を挙げておくと、「卸・小売業」が35.9万人（16.1％）、「不動産・ビジネスサービス業」が27.0万人（12.1％）、「製造業」が25.0万人（11.2％）といった状態で、以下、「ホテル・レストラン」16.3万人（7.3％）、「建設業」14.9万人（6.7％）、「運輸・保管・通信業」12.2万人（5.5％）、「金融サービス業」10.0万人（4.5％）と続きます。そして、スコットランドの国内総生産（DGP）は72,989百万ポンド

表1　スコットランド農業の概要

項目	値	
人口（千人、2004年）	5,078	
国土面積（千km^2）	78	
就業人口（千人、2004年）	2,435	
（うち農業）	(68)	
国内総生産（百万£、2002年）	72,989	
雇用労働者数（千人、2004年）	2,227	(100.0%)
産業部門別　農林漁業	30	(1.3)
鉱業・採石業	22	(1.0)
エネルギー・水供給業	20	(0.9)
製造業	250	(11.2)
建設業	149	(6.7)
卸・小売業	359	(16.1)
ホテル・レストラン	163	(7.3)
運輸・保管・通信業	122	(5.5)
金融サービス業	100	(4.5)
不動産・ビジネスサービス業	270	(12.1)
公務・教育・保健医療	615	(27.6)
その他サービス	127	(5.7)

（資料出所）
・人口："Mid-year population-2004" Office for National Statistic.
・就業者数："Labour Force Survey, Summer quarter 2004" SESAD
・農業就業者："June Agricultural census 2004" SEERAD
・国内総生産及び雇用労働者数は、スコットランド国際開発庁ホームページより。

表2　スコットランドの総農業産出及び総投入額、農業総所得額、直接助成金及び補助金総額

百万ポンド（£Million）

時価（Current Prices）	2001	2002	2003	2004
1．総産出額（Gross Output）	1,998	2,039	2,207	2,285
穀物・他作物及び園芸（Cereal.Other Crops & Horticulture）	554	525	593	626
家畜（Livestock）	819	909	933	964
家畜製品（Livestock Products）	276	250	284	299
資産形成（Capital Formation）	63	62	87	80
その他活動（Other Activities）	176	181	187	195
その他補助金（Other Subsidies）	110	112	123	121
2．総投入額（Total Inputs）	1,689	1,675	1,715	1,781
飼料・肥料・種子及び石灰（Feed Fertiliser Lime & Seed）	437	439	446	474
農場維持費（Farm Maintenance）	47	46	48	49
雑費支出（Miscellaneous Expenses）	551	547	567	598
固定資本減価額（Consumption of Fixed Capital）	300	302	303	296
地代・利子・労賃（Rent Interest & Hired Labour）	354	341	351	364
3．農業総所得額（1－2）（Total Income From Farming）	309	364	492	505
4．直接助成金及び補助金総額（Total Direct Grants & Subsidies）	458	504	518	532

（資料出所）"Agriculture Facts and Figures" SEERAD,2005 及び "ECONOMIC REPORT ON SCOTTISH AGRICULTURE-2005 Edition Section A" SEERAD より作成。
（注）百万ポンド未満は四捨五入

（2002年）で、農業総産出額は、2002年2,039百万ポンド、2003年2,207百万ポンド、2004年2,285百万ポンドです。

　したがって、国内総生産（DGP）に対する農業総産出額の比率は3％前後でしかありません。農業総産出額の部門別構成をみておきますと、畜産関連部門（家畜及び家畜製品）の産出額が農業総産出額の6割近くを占めており、畜産関連部門がスコットランド農業の主要部門であることが指摘されます。家畜の飼養状況については、後で述べますが、羊と牛が主要な家畜で、羊と牛の放牧がスコットランド農業の象徴となっています。

　しかし、農業の総産出額から総投入額を差し引いた農業総所得額と政府が農業部門に支払った直接助成金及び補助金（以下、直接補助金）総額をみておきますと、農業総所得額は、2002年364百万ポンド、2003年492百万ポンド、2004年505百万ポンドで、直接補助金総額は、2002年504百万ポンド、2003年518百万ポンド、2004年532百万ポンドであり、直接補助金総額が農業総所得額を上回っています。

　すなわち、スコットランド農業は、国民経済上の地位が低く、各種補助事業に基づく多額の公費負担で維持されているといえます。しかし、そうした農業の存続が、質の高い、ハイクオリティーな国民生活に欠かすことのできない農村の社会的経済的役割の維持に大きく貢献している点を見逃してはならないと思います。

　ちなみに、スコットランド農業は、その多面的機能により、農村の環境保全、景観維持、野生生物生息地の保存、伝統文化、地域コミュニティーの維持等に大きな役割を担い、スコットランド

で重要産業の一つとなっている観光産業の成長に少なからず貢献しています。スコットランドの農業就業人口は2.8%でしかありませんが、スコットランド行政庁資料（SEERAD "Annual Rural Report 2004" 及び "Rural Scotland Key Facts 2004"）によると、農村地域には、スコットランド人口の約20%、約100万人が居住し、年間所得2万ポンド以上の世帯は、スコットランド全体では25%ですが、農村地域では30%です。

　農村地域の高齢化、過疎化の程度は、我が国に比べ低く、農村地域は、公共施設や公共交通手段の利用上の不便さはありますが、殆どの世帯が1台以上の自家用車を保有しています。したがって、農村地域に住む多くの人々は、比較的良好な生活環境の下で健康なライフスタイルを満喫し、経済的にも比較的安定した暮らしを維持しており、ボランティア活動へ積極的に参加し、地域コミュニティーの維持に貢献しています。

　また、"Scottish Annual Business Statistics 2003" によると、スコットランドの産業部門別付加価値は、第1位は建設業部門の3,770百万ポンドですが、観光部門は2,740百万ポンドで第2位にランクされており、第3位は電子産業部門の1,604百万ポンドです。

　要するに、農業の多面的機能は、我が国でも、政府文書では、文言上、重視すべきであるとしていますが、それに相応しい政策上の取扱いがなされていないのに比べ、EUの共通農業政策、LFA政策は農業の多面的機能の維持及び発揮に十分機能している点がうかがえます。

3 農業の土地利用形態

さて、スコットランド農業の現状ですが、まず、農業の土地利用形態をみておきたいと思います（**表3、4参照**）。

スコットランド農業の土地利用総面積（共同放牧地含む）は611.6万ha、うち耕作適地（Arable）は96.5万ha（15.8%）で、実際に耕種農業に利用されている土地、すなわち、耕地（Tillage）は64.3万ha（10.5%）でしかなく、粗放牧地（Rough grazing）が64.6%（個別放牧地54.8%、共同放牧地9.8%）、5年未満草地が5.3%、5年以上草地が14.8%で、放牧地と草地を合わせると、84.5%となります。すなわち、牛や羊の放牧地及び採草地利用が主要な土地利用形態であり、とりわけ、放牧地の占める割合がきわめて大きいことが特徴となっています。国土の大部分を占める

表3　スコットランド農業の用途別土地利用状況（2004年）

用途項目	面積（ha）	割合（%）
1．耕作地（Tillage）	643,288	10.5
2．5年未満草地（Grass under 5years old）	322,186	5.3
3．耕作適地（Arable＝1+2）	965,474	15.8
4．5年以上草地（Grass over 5years old）	902,512	14.8
5．作物栽培地・草地計（Total crops and grass＝3+4）	1,867,987	30.6
6．個別粗放牧地（Sole right rough grazing）	3,329,487	54.8
7．個別農用地計（Sole right Agricultural area＝5+6）	5,197,474	85.0
8．森林地（Woodlands）	238,955	3.9
9．道路、作業場及び建物用地（Roads, yards and buildings）	80,677	1.3
10．個別占有地計（Total area in sole occupation＝7+8+9）	5,517,106	90.2
うち　①所有地（Area owned）	(3,868,113)	(63.2)
②借入地　（Area rented）	(1,648,992)	(27.0)
11．共同放牧地（Common grazing）	599,051	9.8
12．総計（Total area＝10+11）	6,116,157	100.0

（資料出所）"ABSTRACT OF SCOTTISH AGRICULTURAL STATISTICS 1982 TO 2004" Scottish Executive Environment & Rural Affairs Department（SEERAD）

表4　スコットランドの非LFA・LFA地域別農用地面積及び主要家畜飼養頭羽数
(2004年)

	非LFA地域	LFA地域	計
農場数（Number of main and minor holdings）＊	（千農場）18.2	（千農場）32.5	（千農場）50.7
農用地面積計（Total agricultural land）＊	（千ha）930	（千ha）4,587	（千ha）5,517
作目別農用地利用面積：			
・小麦（Wheat）	94	8	102
・大麦計（Total Barley）	235	81	316
・エン麦（Oats）	15	7	22
・ナタネ（Oilseed Rape）	37	2	39
・馬鈴薯（Potatoes）	27	2	29
・他作物及び休閑地（Other Crops and fallow）	22	24	46
・休耕地（Set-aside）	57	19	76
・果樹及び野菜（Fruit & Vegetables）	12	0	12
・草地計（Total Grass）	289	936	1,225
・粗放牧地（Rough Grazing）	76	3,254	3,330
・その他の土地（Other Land）	67	253	320
主要家畜飼養頭羽数：	（千頭羽）	（千頭羽）	（千頭羽）
・牛総計（Total Cattle and Calves）	523	1,441	1,964
うち搾乳牛（Dairy Cows）	65	132	197
繁殖肉牛（Beef Cows）	84	411	496
・羊総計（Total Sheep and Lambs）	774	7,282	8,056
うち雌羊（Ewes）	277	2,932	3,209
・豚総計（Total Pigs）	406	65	471
・家禽総計（Total Poultry）	14,203	1,694	15,897

（資料出所）"Agriculture Facts and Figures" SEERAD＊2005
（注）＊共同放牧地（common grazing）を除く。
　　　＊main holdings≧5ha、minor holdings＜5ha

LFA地域では、その点がより際立ったものとなります。

　ちなみに、共同放牧地を除く農用地面積は551.7万ha、うちLFA地域の農用地面積が458.7万ha（83.1％）、非LFA地域の農用地面積が93.0万ha（16.9％）で、LFA地域では、農用地面積中粗放牧地利用が70.9％（325.4万ha）、草地利用が20.4％（93.6万ha）を占め、放牧地と草地を合わせると、9割を超えますが、非LFA地域では、粗放牧地利用が8.2％（7.6万ha）、草地利用が31.1％（28.9万ha）です。したがって、農業土地利用総面積の1割程度しかない耕地（Tillage）利用は、非LFA地域の多いスコットランド南東部地域

（ローランド地方）に集中しています。

　スコットランドの農場総数（2004年）は50.7千農場、うちLFA地域が32.5千農場（64.1％）、非LFA地域が18.2千農場（35.9％）であり、したがって、1農場当たり農用地保有面積（共同放牧地除く）は、全体では108.8haですが、LFA地域では141.1ha、非LFA地域では51.1haとなります。LFA地域における農場の農用地保有面積は大きいが、その土地利用形態は、粗放な牛や羊の放牧地利用が主要なものなので、単位面積当たりの土地収益性はきわめて低い。非LFA地域における耕地の作物別利用状況（草地除く）をみておきますと、大麦が23.5万ha（25.3％）で最も多く、次いで、小麦9.4万ha（10.1％）、ナタネ3.7万ha（4.0％）、馬鈴薯2.7ha（2.9％）、エン麦1.5万ha（1.6％）、果樹及び野菜1.2万ha（1.3％）の順となっています。

　なお、農場の土地所有形態をみておきますと、個別農場保有土地総面積551.7万haは、うち自己所有地が7割（386.8万ha）、借地が3割（164.8ha）といった状態で、借地は、北西部ハイランド地方や海岸縁・島嶼部に多く、スコットランド特有の伝統的小作農民であるクロフター（crofter）による零細経営が多いようです。

4　農業構造

(1)　スコットランド農業の推移

　まず、スコットランドの農場数、農用地面積、農業労働力、農地利用面積、家畜飼養頭羽数について、過去22年間（1982～2004年）の推移をみておくと、以下のとおりです（**表5**参照）。

表5　スコットランドの農場数、農用地面積、農業労働力、農用地利用、飼養家畜頭羽数の推移

(1982-2004)

年　次	1982年	1986年	1990年	1994年	1998年	2002年	2004年
1．農場数計	50,376	50,993	49,689	50,635	49,947	50,144	50,761
2．農用地面積計（千ha）＊	5,802	5,704	5,622	5,602	5,529	5,535	5,517
3．農業労働力計（千人）	76	71	70	68	70	68	68
・フルタイム	44	40	37	34	32	29	27
・パートタイム	27	28	30	31	34	36	36
・臨時・季節	4	3	3	3	4	4	4
4．農用地利用面積（千ha）							
・小麦（Wheat）	40	88	111	105	111	97	101
・大麦（Barley）	455	419	339	262	334	325	316
・エン麦（Oats）	31	28	29	27	22	21	22
・ナタネ（Oilseed Rape）	1	23	45	69	65	30	39
・馬鈴薯（Potatoes）	34	30	27	26	28	30	29
・野菜（Vegetables）	8	9	11	11	11	10	10
・草地計（Total Grass）	1,104	1,091	1,129	1,161	1,152	1,251	1,224
・粗放牧地（Rough Grazing）＊	3,943	3,813	3,695	3,599	3,470	3,359	3,329
5．家畜飼養頭羽数（千頭羽）							
①牛計（Total cattle）	2,345	2,151	2,106	2,091	2,078	1,934	1,964
繁殖肉牛（Beef cattle）							
・成牛（Beef cows）	454	421	471	509	534	488	495
・育成牛（Heifer in calf）	48	42	54	51	52	49	50
酪農乳牛（Dairy cattle）							
・成牛（Dairy cows）	283	271	245	235	215	199	197
・育成牛（Heifer in calf）	75	69	53	52	53	46	46
種付雄牛計（Total Bulls）	20	17	18	19	20	20	21
その他の牛（Other cattle）							
・2年以上	124	94	85	79	85	92	92
・1年以上2年未満	601	561	510	494	491	465	470
・6ヶ月以上1年未満	345	312	288	260	243	213	218
・6ヶ月未満	391	360	378	388	381	358	370
②羊計（Total sheep）	8,179	8,734	9,933	9,664	9,803	8,063	8,055
・繁殖羊（Ewes）	3,398	3,577	3,958	3,943	3,876	3,221	3,209
③豚計（Total pigs）	462	414	451	547	670	526	471
④家禽計（Total Poultry）	12,624	12,561	14,869	14,647	13,913	15,544	15,896

（資料出所）"ABSTRACT OF SCOTRISH AGRICULTURAL STATISTICS 1982 TO 2004" SEERAD.
（注）＊共同放牧地（Common grazing）を除く。

　農用地面積は580万haが550万haに減少していますが、我が国のようには、大幅に減少していません。農場数は、増減を繰り返しながらも、5万前後の数を維持しています。農業従事者数は、7

万6千人から6万8千人と、14％程度減少し、農業就業形態別にみると、専業従事者（Full-time）は4万4千人から2万7千人に減少し、兼業従事者（Part-time）は2万7千人から3万6千人に増加しています。臨時・季節従事者（Casual & seasonal）は4千8百人から4千2百人で余り変化していません。すなわち、6対4だった専業従事者と兼業従事者の構成比は逆転し、専業従事者が4、兼業従事者が6となり、農業従事者の兼業化が指摘されますが、我が国に比べれば、兼業化の進捗度は緩やかです。

　主要家畜の飼養頭羽数の推移をみると、牛全体（Total Cattle）は、1982年が2,345千頭で、以後、減少傾向を辿りながらも、2000年までは200万頭台を維持してきましたが、2001年に200万頭水準を割り、2004年1,964千頭となっています。うち繁殖肉牛（Beef Cows）については、1982年454千頭、1994年に509千頭と増加しましたが、2001年の口蹄疫で減少に転じ、2004年495千頭となっています。酪農・搾乳牛（Dairy Cows）は、1982年283千頭でしたが、減少傾向を辿り、2001年に20万頭水準を割り、2004年197千頭となっています。羊全体は、1982年が8,179千頭で、増加傾向を辿り、1987年には900万頭を超え、その後、950万頭前後の水準を維持してきましたが、2001年、口蹄疫の影響により、前年対比で一挙に約100万頭以上減少し、8,109千頭となり、2004年が8,055千頭で、まだ、900万頭水準を回復していません。牛及び羊の主要な飼養形態は繁殖経営で、ローランド地方では肥育経営もみられますが、全体とすると、生産された牛、羊は、大部分がイングランド方面へ肥育用又は素畜用として出荷されています。羊の飼養は、昔は羊毛工業を支えてきましたが、現在は肥育用又は素畜用販売が主

目的で、羊毛生産ではありません。ちなみに、羊毛生産額（2004年）は農業総産出額の0.2％（490万ポンド）でしかありません。

豚は、1982年が462千頭で、1992年には50万頭を超え、1998年670千頭にまで増加しましたが、2004年には471千頭に減少しています。家禽は、1982年が12,624千羽で、1999年には10,938千羽に急落したが、2004年には15,896千羽に回復しています。

つづいて、土地利用面積の推移をみておきますと、最も利用面積が大きい放牧地（Rough Grazing）は3,943千haから3,329haに減少しましたが、草地（Grass）は1,104千haから1,224千haに増加しています。したがって、放牧及び採草利用地は全体として減少しましたが、依然として、農用地面積の8割を超えています。

なお、耕地利用は土地利用総面積の1割程度ですが、作物別利用面積の推移をみておきますと、利用面積の大きさは、大麦、小麦、ナタネ、馬鈴薯、エン麦、野菜の順で、大麦は455千haから316千haに減少、小麦は40千haから101haと2.5倍、ナタネは2千ha未満から39千haと急増、馬鈴薯は34千haから29千haに減少、野菜は8千haから10千haに増加といった状況です。小麦、ナタネの増加については、これまでの耕地直接支払いの対象作物だったことによるものと思われますが、いずれにしても、スコットランド全体では、耕種農業はマイナーな存在でしかありません。

以上のごとく、スコットランド農業の過去22年間の推移をみると、農用地面積、農業従事者の減少及び兼業化、家畜飼養頭羽数及び作物別利用面積の増減などが指摘されますが、我が国と対比してみるならば、全体として、それほど大きくは変化していないといえます。すなわち、スコットランド農業は、すでに指摘した

ように、EUの共通農業政策、LFA政策の下で、それなりに維持されてきたとみることができます。

(2) **農場の土地保有規模**

スコットランドの1農場当たり土地保有規模は、LFA地域が141.1ha、非LFA地域が51.1haでしたが、土地保有規模別農場数・土地保有面積は以下のとおりです（**表6**参照）。

土地保有規模別農場数（構成比）は、5ha未満18,817農場（37%）、5～10ha未満5,878農場（12%）、10～50ha未満11,180農場（22%）、50～100ha未満5,594農場（11%）、100～200ha未満4,739農場（9%）、200ha以上4,591農場（9%）です。すなわち、農場の土地保有規模は、5ha未満の零細規模農場から200ha以上の大規模農場まで幅広く分布していますが、構成比9%の土地保有規模200ha以上の農場が農用地総面積の74%を占有しており、二極分化が著しくすすんでいる点が指摘され、同時に、零細及び小規模農場が根強く滞留している点が指摘されます。

表6 スコットランドの土地保有規模別農場数・土地面積

	農場数		保有土地面積	
	実数	割合%	実数（ha）	割合%
～2ha	8,361	16.5	9,723	0.2
2～5	10,456	20.6	33,127	0.6
5～10	5,878	11.6	41,717	0.8
10～20	4,931	9.7	69,935	1.3
20～50	6,249	12.3	206,778	3.7
50～100	5,594	11.0	405,401	7.3
100～200	4,739	9.3	664,597	12.0
200～	4,591	9.0	4,085,828	74.1
計	50,799	100.0	5,517,106	100.0

（資料出所）ECONOMIC REPORT ON SCOTTISH AGRICULTURE
　　　　　—2005 Edition Section C" SEERAD

(3) 家畜飼養農場割合及び飼養規模

次に、スコットランド農業における畜種別家畜飼養農場割合及び飼養規模（家畜飼養1農場当たり）をみておくと、以下のとおりです（**表7**参照）。

畜種別にみると、羊飼養農場の割合が31.3%（15,899農場）で最も大きく、羊飼養農場の平均飼養規模は508.7頭です。羊飼養農場のうち繁殖雌飼養農場割合は28.3%（14,389農場）で、平均飼養規模が223.1頭です。二番目は、牛飼養農場で27.5%（13,949農場）で、平均飼養規模が140.8頭ですが、牛の場合、酪農牛、肉用牛、その他の牛に分けると、それぞれの飼養農場割合及び平均飼養規模は、酪農牛は5.4%（2,735農場）・106.3頭、肉用牛は26.2%（13,306農

表7　スコットランドの家畜飼養状況（飼養農場数、飼養頭羽数）

(2004年)

		飼養農場数A	飼養頭羽数B	1農場当たり (B/A)	飼養農場率(%) (A/農場総数)
牛	酪農牛 (Dairy cattle)	2,735	290,678	106.3	5.4
	うち搾乳牛 (Dairy cows)	2,027	197,158	97.3	4.0
	肉用牛 (Beef cattle)	13,306	1,063,329	79.9	26.2
	うち繁殖肉牛 (Beef cows)	9,794	495,982	50.6	19.3
	その他の牛 (Other cattle)				
	雄種牛 (Bulls)	8,077	21,148	2.6	15.9
	生後1年未満子牛 (Cattle under one year old)	11,416	589,029	51.6	22.5
	牛全体 (Total cattle)	13,949	1,964,184	140.8	27.5
羊	羊 (Total sheep)	15,899	8,088,235	508.7	31.3
	うち繁殖雌羊 (Ewes for breeding)	14,389	3,209,671	223.1	28.3
豚	豚	798	471,740	591.2	1.6
	うち繁殖豚 (Female breeding herd)	382	49,019	128.3	0.8
家禽	家禽 (Total poultry)	5,219	15,896,813	3045.9	10.3
	うち採卵鶏 (Fowls for producing eggs)	4,483	3,801,348	847.9	8.8
	〃 種鶏 (Fowls for breeding)	2,888	1,294,481	448.2	5.7
	〃 ブロイラー他 (Broilers and other table foels and other poultry)	2,497	10,800,984	4325.6	4.9
	山羊 (Goats and kids)	846	5,574	6.6	1.7
	鹿 (Deer)	74	7,066	95.5	0.1
	馬 (Total horses)	5,943	27,415	4.6	11.7
	その他の家畜 (Other livestock)	245	19,411	79.2	0.5

（資料出所）"ECONOMIC REPORT ON SCOTTISH AGRICULTRUE —2005 Edition Section C" SEERAD

場)・79.9頭となり、その他の牛は、雄種牛が15.9%（8,077農場)・2.6頭、生後１年未満子牛が22.5%（11,416農場)・51.6頭となります。牛及び羊以外の家畜飼養農場割合は１割程度以下でしかなく、畜種別に飼養農場割合及び平均飼養規模を並べておきますと、豚1.6%・591.2頭、家禽10.3%・3,045.9羽、山羊1.7%・6.6頭、鹿0.1%・95.5頭、馬11.7%・4.6頭となります。とにかく、以上で明らかなごとく、スコットランドの主な家畜は羊と肉用牛であり、羊及び肉用牛飼養農場がスコットランド農業の主要部分を担っています。

5　農業経営

(1)　農場タイプ及び農場事業規模

　まず、スコットランドにおける農場タイプ及び農場事業規模について、説明しておきます。

　農場タイプ（Farm Type）とは、各経営作目から得られる粗収入（販売代金）から流動的経費（種子・肥料・飼料等の直接物財費）を差し引いた残りをグロスマージン（Gross Margin）と呼び、正常な条件下の農場のデータから標準グロスマージン（Standard Gross Margin：SGMs）を算出し、各SGMsの占有率で農場を分類したものです。具体的には、農場タイプは、「羊のSGMが合計SGMの三分の二以上を占める条件不利地域の農場」を「LFA Seep（LFA羊)」、「肉牛のSGMが合計SMGの三分の二以上を占める条件不利地域の農場」を「LFA Beef（LFA肉牛)」、「牛と羊を合わせたSGMが合計SMGの三分の二以上を占める条件不利地域の

表8　スコットランドの農場タイプ・事業規模別農場数

（農場タイプ）	Very small (＜1FTE) (零細規模)		Small (1to＜2FTE) (小規模)	
	農場数	%	農場数	%
1. Cereals（穀物）	2,831	7.2	699	16.8
2. General cropping（一般作物）	965	2.4	509	12.2
3. Horticulture（園芸）	778	2.0	53	1.3
4. Specialist Pigs（養豚専門）	83	0.2	10	0.2
5. Specialist Poultry（家禽専門）	928	2.4	29	0.7
6. Dairy（酪農）	97	0.2	190	4.6
7. Cattle&sheep・LFA（牛羊・LFA）	8,579	21.8	1,792	43.0
8. Cattle &sheep・（牛羊・Lowland）	2,018	5.1	154	3.7
9. Mixed（混合）	1,175	3.0	502	12.0
10. Other（その他）	21,942	55.7	233	5.6
計	39,396	100.0	4,171	100.0
事業規模別農場割合		77.6		8.2

（資料出所）"ECONOMIC REPORT ON SCOTTISH AGRICULTURE-2005 Edition ,Section C" SEERAD.

農場」を「LFA Mixed Cattle & Sheep（LFA牛・羊混合）」、「酪農のSGMが合計SMGの三分の二以上を占める農場」を「Dairy（酪農）」、「穀物及び油糧種子のSGMが合計SMGの三分の二以上を占める農場」を「Cereals（穀物）」、「一般作物のSGMが合計SMGの三分の二以上を占める農場」を「General Cropping（一般作物）」、「合計SMGの三分の二以上を占める部門のない農場」を「Mixed（混合）」としています。

　また、農場事業規模（Farm Businesses Size）については、まず、平均的事業規模かつ正常な条件下の農場のデータから各作目の平均単位当たり必要労働量（時間）を算出し、それを標準労働必要条件指数（Standard Labour Requirement coefficients：SLR）と呼び、次に、SLRに基づき算出した各農場の必要労働量（時間）を労働力単位（full-time-equivalent：FTE、週39時間、年1,900時間就労労働力をFTE1とする）に換算し、FTEの大小で事業規模

Medium (2to<3FTE)（中規模）		Large (3to<5FTE)（大規模）		Very large (5 or more FTE)（特大規模）		計	
農場数	%	農場数	%	農場数	%	農場数	%
246	9.8	158	5.8	49	2.5	3,983	7.8
358	14.3	273	10.0	176	8.8	2,281	4.5
15	0.6	20	0.7	33	1.7	899	1.8
5	0.2	16	0.6	33	1.7	147	0.3
31	1.2	28	1.0	18	0.9	1,034	2.0
352	14.1	609	22.3	321	16.1	1,569	3.1
1,064	42.5	1,200	44.0	1,034	51.8	13,669	26.9
69	2.8	57	2.1	39	2.0	2,337	4.6
278	11.1	300	11.0	224	11.2	2,479	4.9
87	3.5	69	2.5	70	3.5	22,401	44.1
2,505	100.0	2,730	100.0	1,997	100.0	50,799	100.0
	4.9		5.4		3.9		100.0

を示しています。農場事業規模は、FTE0.5未満「Very Small（零細）」、FTE1.0〜2.0未満「Small（小規模）」、FTE2.0〜3.0未満「Medium（中規模）」、FTE3.0〜5.0未満「Large（大規模）」、FTE5.0以上「Very Large（特大規模）」と分類しています。

　さて、以上に基づき、まず、農場事業規模別構成をみておくと、**表8**に示すように、零細規模77.6％、小規模8.2％、中規模4.9％、大規模5.4％、特大規模3.9％といったごとく、分厚い零細規模農場の滞留が指摘されます。次に、農場タイプ・事業規模別分布状況をみておきますと、全体では、「牛・羊（Cattle and sheep）」タイプが多いが、零細規模では、「その他（Other）」タイプが過半数（55.7％）を占め、「牛・羊」タイプは21.8％でしかありません。小規模になると、「その他」タイプが5.6％に低下し、「牛・羊」タイプが43.0％を占め、そして、中規模では、「その他」タイプ3.5％、「牛・羊」タイプ42.5％、大規模では、「その他」タイプ2.5％、

図2　スコットランド農場タイプ別地域分布

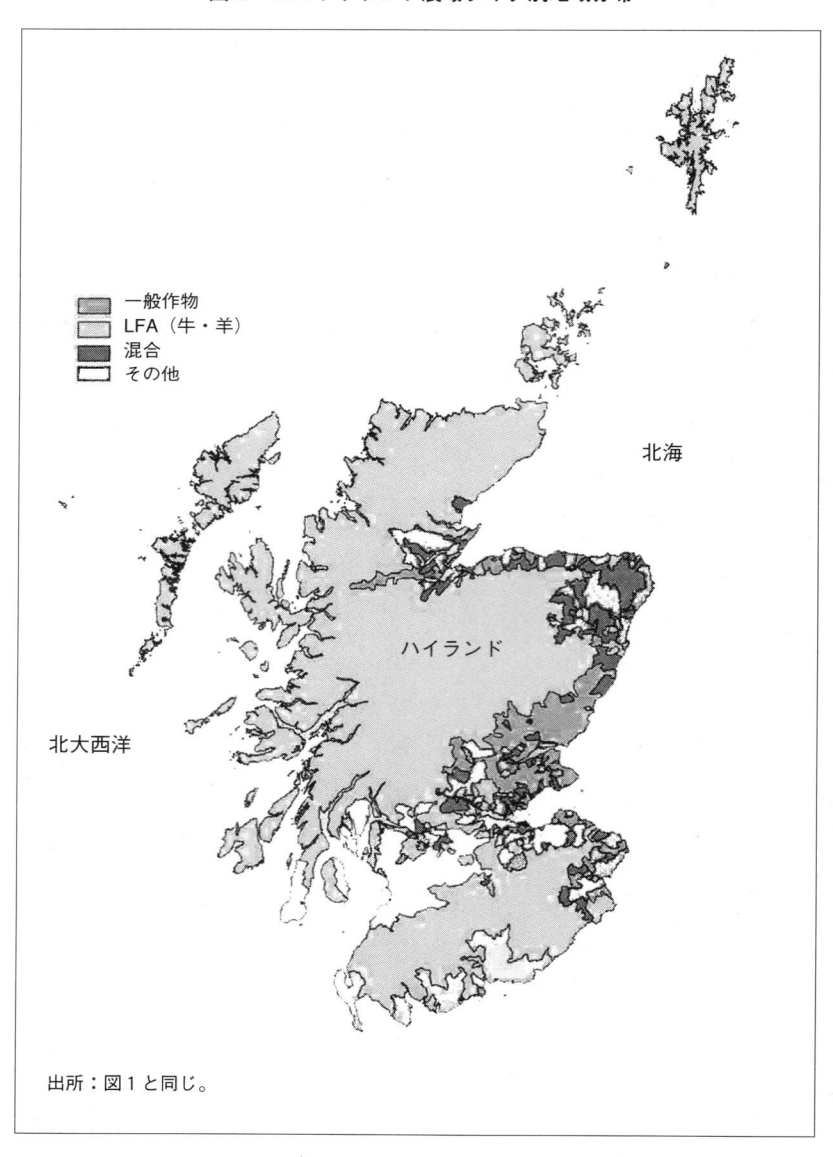

凡例：
- 一般作物
- LFA（牛・羊）
- 混合
- その他

北海
北大西洋
ハイランド

出所：図1と同じ。

「牛・羊」タイプ44.0％、特大規模では、「その他」タイプ3.5％、「牛・羊」タイプ51.8％となります。零細規模で「その他」タイプが過半を占めているのは、自給的な多品目少量生産、家庭菜園又はレジャー農園的な範疇に属する農場が多いためであるとみられます（図2）。

(2) **農場所得及び直接補助金**

スコットランドの1農場当たり純農場所得（注）（Net Farm Incomes、2003/04）は全農場平均が19,836ポンド（約411万円）で、事業規模別平均では、小規模農場（Small）8,311ポンド（約172万円）、中規模農場（Medium）20,952ポンド（約434万円）、大規模農場（Large）38,314ポンド（約794万円）であり、農場数で圧倒的多数を占める小規模・零細規模農場の年間純農場所得は200万円以下となっています（**表9**参照）。したがって、農場経営の直接補助金への依存度はきわめて高いことが指摘されます（**表10**参照）。

全農場平均の直接補助金（Direct Subsidies、2003/04）は1農

表9　スコットランドの事業規模別農場所得（1農場当たり）

(2003-04)

	Small (小規模)	Medium (中規模)	Large (大規模)	All sizes (全規模)
Net Farm Incomes（£/farm） (1農場当たり:純農場所得・NFI)	8,311	20,952	38,314	19,836
NFI階層別農場割合・％				
～3,999	33.2	17.2	13.9	24.5
4,000～9,999	24.7	5.0	8.4	16.3
10,000～29,999	33.4	51.9	21.6	32.8
30,000～59,999	8.4	22.0	30.9	17.8
60,000～99,999	0.0	4.0	21.3	7.4
100,000～	0.0	0.0	3.8	1.2

（資料出所）"ECONOMIC REPORT ON SCOTTISH AGRICULTURE-2005 Edition Section B" SEERAD

表10　スコットランド農場タイプ別1農場当たり純農場所得及び直接補助金
(NET FARM INCOME AND DIRECT SUBSIDIES PER FARM BY TYPE OF FARMING
2001/02・2003/04　YEARS 2003/3 and 2004/5 forecast)

Farm Type （農場タイプ）	2002/03		2003/04		2004/05(forecast)	
	Net Farm Income （純所得） £/farm	Direct Subsidies （直接補助） £/farm	Net Farm Income （純所得） £/farm	Direct Subsidies （直接補助） £/farm	Net Farm Income （純所得） £/farm	Direct Subsidies （直接補助） £/farm
LFA Sheep(LFA羊)	8,900	24,100	9,900	24,300	6,600	24,500
LFA Beef（LFA肉牛）	20,700	43,000	20,900	41,300	16,900	38,900
LFA Mixed Cattle & Sheep（LFA牛・羊混合）	14,000	43,100	20,900	45,400	15,600	43,800
Lowland Cattle and Sheep（低地牛・羊混合）	19,400	29,800	18,500	31,600	16,900	30,300
Cereals（穀物）	500	32,300	17,300	38,800	−4,200	36,700
General Cropping（一般作物）	−1,400	31,300	27,600	32,800	−600	30,900
Dairy（酪農）	8,800	14,700	23,500	13,800	25,100	12,700
Mixed（混合）	9,100	43,000	20,300	47,600	9,600	44,200
All（全タイプ平均）	10,400	34,300	19,800	35,800	10,500	34,000

（資料出所）"FARM INCOMES IN SCOTLAND 2003/04" SEERAD, March 2005 より作成。
（注）1．Direct Subsidies には、LFA 補助金（Less Favoured Areas Support Scheme—LFASS）を含む。
　　　2．百位未満は四捨五入。

場当たり35,800ポンド、純農場所得の1.8倍です。1農場当たり直接補助金は、2002/03年34,300ポンド、2003/04年35,800ポンド2004/05年34,000ポンドと変動が少ないが、1農場当たり純農場所得は、生産事情及び市場状況により、2002/03年10,400ポンド、2003/04年19,800ポンド、2004/05年10,500ポンドと大きく変動しています。したがって、純農場所得に対する直接補助金の倍率は、2002/03年が3.3倍、2004/05年が3.2倍となっています。要するに、スコットランドの農業経営は直接補助金に大きく支えられ、直接補助金抜きでは、成り立たない、といっても過言ではありません。

（注）純農場所得＝農場粗収益－農場経営費（流動物財費＋固定資本減価償却費＋雇用労賃＋借地料＋料金等・その他支払い）。

6　補助金支出

(1)　補助金支出

　EU及び政府の支出する農業・農村関連助成金及び補助金は、厳密な区別は難しいが、大別してみますと、特定作目を対象とした「産品対象補助金」と環境保全・改善などに関連する「その他の補助金」からなり、「産品対象補助金」は、牛、羊等の生産奨励助成又は補助金、穀物等の耕地直接支払い補助金等々で、また、「その他の補助金」には、LFASS（条件不利地域支援計画）、ESAP（環境保全地域支援支払い）、CPS（田園奨励金計画）、RSS（農村スチワードシップ計画）、FWS（農場森林計画）、FWPS（農場森林奨励金計画）、OAS（有機農業援助計画）、ABDS（農業ビジネス開発計画）、CCDS（小作地域コミュニティー開発計画）、FMD（口蹄疫対策）等々の補助金があります。すなわち、きわめて多様な助成金及び補助金が用意されてきましたが、これまでの主要な助成金及び補助金は、「産品対象補助金」で、その大部分は牛と羊に関連するものでした。2004年の場合、「産品対象補助金」が全体の74.9％（4億1,069万ポンド）を占め、うち牛に関連する助成金及び補助金が53.3％（2億1,884万ポンド）、羊に関連する助成金及び補助金が18.4％（7,555万ポンド）でした（**表11**参照）。

　しかし、「産品対象補助金」は、EUの共通農業政策（CAP）改革で削減・廃止の方向が決まり、2005年からは、各種生産奨励金・補助金は生産と切り離された「単一農場支払い」に置き換えられることになりました。2005年から「単一農場支払い」に置き換えられ、廃止となった助成金及び補助金制度は、「耕地直接支払

表11 スコットランドの農業・農村関連助成金及び補助金の支出状況
(Agricultural grants and subsidies included in aggregate account, 2001 to 2004)

(単位：百万ポンド)

	2001	2002	2003	2004
Ⅰ．直接助成金及び補助金総計（Total Direct Grants & Subsidies）	458	504	518	532
(1) 産品対象補助金（Included with commodities）	348	391	396	411
牛関連（Cattle）	196	222	218	219
羊関連（Sheep）	43	66	69	76
牛乳関連（Milk）	6	-	-	10
耕地直接支払い（Arable Area Payments Scheme）	101	104	108	106
その他	0	0	0	0
(2) その他の補助金計（Total included in other subusidies）	110	112	123	121
条件不利地域支援（LFAS）	62	63	62	61
耕地直接支払いセットアサイド（AAPSA）	19	19	21	15
休耕補償（Set Aside Agrimonetary Compensation）	0	-	-	-
チェリノブイリ補償（Chernobyl Compensation Payments）	0	0	0	0
環境保全地域支払い（ESAP）	11	10	11	11
田園奨励金計画（Countryside Premium Scheme）	9	6	6	6
有機農業援助計画（Organic Aid Scheme）	5	5	5	5
農村スチワードシップ計画（Rural Stewardship Scheme）	-	3	10	16
農場森林計画（Farm Woodland Scheme）	0	0	0	0
農場森林奨励金（Farm Woodland Premium Scheme）	3	5	6	6
Ⅱ．直接助成金及び補助金以外の補助金計	200	16	17	16
(1) 口蹄疫病対策（Foot and Mouth Disease）	177	-	-	-
(2) 動物福祉処置計画（Animal Welfare Disposal Scheme）	13			
(3) その他計	10	16	17	16
農業・農村関連助成金及び補助金総合計＝Ⅰ＋Ⅱ (OVERALL TOTAL OF GRANTS)	658	520	535	548

（資料出所）"ECONOMIC REPORT ON SCOTTISH AGRICULTURE 2005 Edition:Section A" SEERAD より作成。

い計画（Arable Area Payment Scheme）」、「牛肉特別奨励金計画（Beef Special Premium Scheme）」、「乾燥飼料助成（Dried Fodder）」、「拡張支払い計画（Extensification Payment Scheme）」、「種子生産援助（Seed Production Aid）」、「羊年奨励金計画（Sheep Annual Premium Scheme、LFAS含む）」、「屠殺奨励金計画（Slaughter Premium Scheme、子牛屠殺奨励金計画含む）」、「哺乳母牛奨励金計画（Suckler Cow Premium Scheme）」です。

　「単一農場支払い」は、当面、過去の受給実績に基づく計算で支

払われていますので、まだ、影響は現れていませんが、今後、モジュレーション（modulation）で資金移転した農村開発政策がどのように展開するかが注目されます。スコットランドでは、2005年から、新たな農村開発政策として、「土地管理契約メニュー計画（Land Management Contract Menu Scheme、LMCS）」が実施されることになりました。

(2) 農業の公共的性格

　以上のごとく、スコットランド農業は牛及び羊の放牧飼養形態に基づく素畜生産が主要部門で、農場の土地保有規模は大きいが、土地生産性は低く、事業規模別農場分布では、零細・小規模農場が分厚く滞留しており、大部分の農場経営は、直接補助金及び各種助成金の支えがなければ、存続できない状態です。ちなみに、事例調査対象となったScottish Borders地方のCossarhill Farmは、土地保有面積462ha（うち粗放牧地439ha）、繁殖雌羊約650頭の羊専門経営ですが、羊販売収入が約18,000ポンドでしかなく、直接補助金が約23,700ポンドであり、農場主は、「補助金（助成金）なしでは農場経営は成り立たない」といっていました。

　スコットランド農業は、GDP占有率3.4％、就業人口率2.8％で、経済的地位は決して高くない、それにもかかわらず、なぜ、多額の補助金を投入し、政策的に維持されているのか、それは、農業の公共的性格によるものと考えられます。

　すなわち、すでに指摘したように、農業の多面的機能（環境保全・景観維持、野生生物生息地の保存、伝統文化、地域コミュニティーの維持等）に対する国民的評価は高く、農業の社会貢献、

スコットランド　ボーダーズ地方の農村景観

　農業・農村環境維持が公共的性格を有しているとする認識が広く行き渡り、そうした国民的合意形成がスコットランド農業の存続を可能にしているとみられます。なお、その背景には、農村地域の環境保全、景観維持が、スコットランド全体が力を入れているツーリズム・ビジネスの発展に不可欠であるとする意識が国民の間に広く浸透しているのではないかと思われます。

Ⅲ　スコットランド農村振興支援対策の状況

1　農村振興支援対策の区分

　スコットランドの農村振興支援対策の枠組みは、EU加盟各国共通の「RURAL DEVELOPMENT REGULATION (EC) 1257/199（農村振興規則）」に基づく「RURAL DEVELOPMENT PLAN FOR SCOTLAND（スコットランド農村振興計画・2005年修正）」で定められており、環境保全・維持、また、農業経営・農村経済の多角化をめざすファーム・ビジネスの立ち上げ支援など、多様な各種助成金及び補助金制度で形づくられています。農村振興支援対策は、助成目的で区分すると、一応、①「環境保全、景観・生態系維持に関する助成措置」（以下、「環境助成」）、②「農場のビジネス起業、経営多角化に関する助成措置」（以下、「ビジネス助成」）、③「食料の安全性確保に関する助成措置」（以下、「食料安全助成」）に分けることができます。しかし、スコットランド農村振興計画で、最大の対策である条件不利地域支援計画（Less Favoured Area Support Scheme-LFASS）は、まだ、完全に生産と切り離されていないし、また、他の支援対策にしても、複数の助成目的をもっているので、厳密に区分することはできません。

したがって、区分はあくまでも便宜的なものでしかありませんが、ここでは、まず、「農業と環境の持続、多様性の維持」を主目的としているLFASSを取り上げ、次いで、「ビジネス助成」を主目的とする農場ビジネス振興計画（Farm Business Development Scheme-FBDS）及び農場全体見直し計画（Whole Farm Review Scheme-WFRS）、「食料安全助成」及び「環境助成」、さらに「ビジネス助成」を目的としている有機援助計画（Organic Aid Scheme-OAS）、「環境助成」が主目的で2005年から実施となった土地管理契約メニュー計画（Land Management Contract Menu Scheme-LMCs）を取り上げ、それぞれの要点を紹介しておきたいと思います。

2　主な農村振興支援対策の要点

(1)　LFASS（条件不利地域支援計画）

①LFASSは、これまでLFA地域の農業生産振興の側面が強く、2003年6月のEU農相会議合意に基づくCAP改革後も、完全に生産と切り離されてはいませんが、「単一農場支払い計画」への移行に伴って、環境保全、デカップリングの方向が強化されました。

②LFASSは、スコットランド農村振興計画（the Executive Rural Development Plan）で最大の対策であり、スコットランドの農業と環境の持続、多様性の維持を目的としています。支援内容は、確実で適格な農業活動の支援のために、土地面積当たりの支払いを行う、としています。

③LFASS-2005の下で適格であるためには、「肉用子牛を育てる

ための正規の繁殖の群の部分を構成する哺乳雌牛群の維持」、「羊年奨励金計画で定義されている適格な雌羊を構成する羊群の維持」、「肉生産のための飼養された鹿の繁殖群の維持」、「繊維生産目的のヤギ、ラマ、アルパカ等の群の維持」等、適格な活動が必要と決められています。

④支払いレートは、条件不利の状態を段階区分し、段階に応じ1ha当たり33.50ポンドから47.00ポンドの支払いとなっています。

(2) FBDS（農場ビジネス振興計画）

①FBDSは、農業単位（agricultural unit）及びその農業単位に同居又は近隣に住む家族メンバーを含め、適格なビジネスを行っている農業者にとって、革新的なビジネス振興計画であるとされています。適格な農業者とは、助成申請日に、継続2年間、当該農業単位で農業に従事してきた農業者を意味し、事業は2002年から開始されました。

②目的は、農業生産の再編成と新しい方向づけを手助けし、生産者間の協業と協力を改善すること、また、農業単位又は同家族メンバーによって、新規又は既存の農業と農外の両方にわたる多角化活動を創造し、拡張することとされています。

③応募適格者は、農業単位の適法な占有者として、その経営体で適格なビジネスを行っているfarmer（農業者）、Partnership Body（協業団体）、Corporate／Limited Company（共同企業会社）で、農業単位とは、FBDS実施地域内の登録土地区画（holding）で農業を行っている経営単位です。

④補助申請に必要な適格なプロジェクトは、「代替農業生産（農

業生産の多角化)」、「レジャー、レクリエーション、スポーツ施設」、「加工農産物小売（直売）」、「林産物加工」、「貸家（農場未利用建物の改修等による)」、「農村サービス」、「観光宿泊施設」等々です。

⑤助成金の補助率は適格なプロジェクト費用の50％で、最大限3万ポンド（約600万円）となっています。

⑥2002～2005年の助成金総額及助成件数は、2002年400万ポンド・260件（1件当たり£15,400)、2003年260万ポンド・150件（同上£17,300)、2004年220万ポンド・130件（同上£16,900)、2005年180万ポンド・90件（同上£20,000）で、助成金総額及び助成件数は減少していますが、助成1件当たり助成金は、邦貨に換算すると、300万円から400万円へと増加しています。

(3) WFRS（農場全体見直し計画）

①農業者の農場経営を環境的、経済的に持続可能なものとするために、専門家による農場の資源（ビジネス、環境、技術)、強み／弱み、可能性、危険性等の総点検（Whole Farm Review）を実施し、Action Plan（行動計画）を作成し、具体策の実践を目的としています。2003年10月にパイロット事業を実施し、2004年7月から事業開始となりました。

②農場の総点検及びビジネスプランの作成を担当する専門家は資格認証を受けたアドバイザーです。助成内容は、農業者のアドバイザーへの委託経費及びビジネスプランに基づく農業者自身の研修費等への助成金交付で、助成額は、全体経費の80％、最大1,850ポンドです。

③事業期間は、総点検（Review）・行動計画作成・アドバイス

に7ヶ月、実践5ヶ月後に点検、追加アドバイス／トレーニングに6ヶ月、計18ヶ月です。

　④事業は各年度内の予算範囲内で"First Come First Served（先着順）"で行われています。年間予算は150万ポンドで、農業者千人分程度の予算が用意されており、なお、アドバイザーの育成のための「農場ビジネスアドバイザー認証事業（Farm Business Adviser Accreditation Scheme）」が実施されています。現在、資格認証アドバイザーは92名です。

(4)　**OAS（有機援助計画）**

　①Organic Aid Scheme（1994年開始）は、農場の有機転換（Organic Conversion Scheme）5カ年、有機維持管理（Organic Maintenance Scheme）5カ年、計10カ年計画に基づくもので、計画実施農場に助成金の支払いを行っています。

　②助成内容は、有機転換及び維持管理の対象となる土地への助成金支払いと施設経費に対する助成金支払いとからなり、施設経費に対する助成は、フェンス、ゲート等、外部からの侵入を防ぐための施設及び環境保全関連施設の設置経費が助成対象となっています。

　③助成対象となる土地への支払いレートは土地の利用形態及び事業実施経過年度で異なっていますが、全体とすると、有機転換及び維持管理対象土地への助成金支払いレートは、有機転換5カ年、維持管理5カ年、計10カ年間の1ha当たり支給総額は、「適格耕作地」が745ポンド、「野菜又は果実生産地」が790ポンド、「改良草地」が440ポンドで、「放牧地又は未改良草地」の場合は、有

機転換5カ年間の支給総額が1ha当たり25ポンドで、維持管理5カ年は面積に関係なく各年500ポンド（計2,500ポンド）の支給となっています。

⑤OASは、1994年から実施し、同計画への参加農場は、1997年には39農場でしかなかったが、2003年には、714農場に増加しています。

表12　有機転換及び維持管理対象土地への助成金支払いレート（£／ha）

単位：1ha当たり支払い単価（ポンド）

		適格耕作地	野菜又は果実生産地	改良草地	放牧地又は未改良草地
有機転換計画	第1年目	220	300	120	5
	第2年目	220	300	120	5
	第3年目	55	40	50	5
	第4年目	55	40	50	5
	第5年目	45	40	30	5
	計	595	720	370	25
有機維持管理計画6〜10年	各年	30	14	14	対象地全体に各年500ポンド
	計	150	70	70	

資料出所：Scottish Executive Organic Annual Report（2003）より。

(5)　LMCs 2005（土地管理契約メニュー計画）

①SEERADでは、LMCsの基本原則として、「持続的な土地管理と公共財交付（delivery of public goods）の重視」、「環境的、社会的、経済的な利益への統合したアプローチ」、「土地管理者が留意すべき事業（one stop shop）」、「行政と独立法人を通じた交付の連続したアプローチ」をあげています。

②目的は、「環境保全、食料安全、動物福祉の基本水準の確保」に関わる事業を実施する農業者への支援です。

③支援を受けようとする農業者は、用意された事業メニューを選択し、政府に申請することになります。

④事業メニューは、スコットランド中の土地タイプ、土地経営の範囲に適合するように、幅広く設計された17の選択オプションが用意されています。農業者と小作者（Farmers and crofters）は、自分が実行したい事業メニューを利用することができますが、選択された事業の実践に当たっては、環境保全、将来の事業発展につながる適格な計画が必要であるとされています。事業メニューの中には、一回限りの事業も含まれますが、大部分は5カ年継続の事業となっています。

　⑤「契約手当」（助成）は、登録土地面積に応じて最高額が設定されており、各農場は、その範囲内で事業メニューを自由に選択し、実践することで、助成（「契約手当」）を受け取ることになります。

　⑥最高受領額の計算は下記の通りです。
　　最初の10ヘクタールまでは、ヘクタール当たり75ポンド
　　次の90ヘクタールまでは、ヘクタール当たり30ポンド
　　次の900ヘクタールまでは、ヘクタール当たり1ポンド
　　1,000ヘクタール以上はすべてヘクタール当たり0.1ポンド

　⑦事業メニュー（17オプション）には、「動物健康福祉管理プログラム（Animal health and welfare management programme）」や「品質保証および有機計画メンバーシップ（Membership of assurance and organic schemes）」のように「食料安全助成」に関連するもの、また、一般市民の農場訪問に対する受入助成である「農場および森林訪問（Farm and woodland visits）」、農場経営者の講演活動に対する助成である「農場外講話（Off-farm talks）」等が含まれます。大部分は「環境助成」で、野生動植物の保護、

フットパス及び標識整備・アクセス改善など、農場及び農場周辺の環境保全、景観維持に対する助成です。事業メニューの各オプションの目的、助成条件等をみておくと、以下のとおりです。

動物健康福祉管理プログラム（Animal health and welfare management progaramme）
・目的…動物の健康及び福祉基準を充たし、農場ビジネスの収益性と製品の品質を増進すること。
・助成…動物健康福祉管理プログラムの実施のために、農場管理の改善にかかる特別の経費に対する支援助成金の提供。但し、法定の農場管理に関する経費は除外、また、豚家禽は除外。
・受給条件…計画作成（ワクチン接種、予防薬投与等の使用計画等）、獣医の実施状況の保証等、査察、モニタリングの受入。
・支払いレート…最高限度：£1,135

品質保証および有機計画メンバーシップ（Membership of assurance and organic schemes）
・目的…農場が「品質保証・有機計画」団体（協会）に加入し、メンバーになることを通じ、高品質生産の重要性の認識を高めること。
・受給条件…団体（協会）参加料金の50％の助成、複数の計画参加可。
・支払いレート…最高限度：1計画当たり£150

農場および森林訪問（Farm and woodland visits）
・目的…土地管理の公共意識を高め、子どもや若い人々の教育的経験を提供すること。

- 助成…土地経営者が地方のコミュニティーや環境、また、農村地域の維持に貢献することを期待している。教育目的で農場又は森林への訪問の受け入れに対し、農場主及び雇用者に助成金支払いを行う。
- 受給条件…申請者又は農場・森林管理者は、訪問を受けたらグループに同伴しなければならない。それは1時間又は1時間以上継続しなければならない。グループは少なくとも5人以上でなければならない。また、申請者又は農場・森林管理者は、傷害等に関わる保険に加入し、農場案内パック（farm information pack）を用意しなければならない。
- 支払いレート…農場／森林への訪問毎に£100。但し、Option 5（農場外講話）と合わせ、年に最大10回まで。一回分の支払い£100は、保険、パック等の1回当たりの経費を£50と想定。

農場外講話（Off-farm talks）
- 目的…オプション4（農場および森林訪問）に同じ。
- 助成…学校やコミュニティー・センター等に出かけ、農場の果たしている公共的役割に関する講話活動への助成。
- 支払いレート…1回当たり£50、農場および森林訪問と合わせ、年に最大10回まで。

緩衝区域（Buffer areas）
- 目的…緩衝区域の設定によって、野生生物の通路ネットワークを確立し、湿地帯（wetland areas）及び水流に流れ込む汚染物質の危険を縮小すること。かつ、野生生物の生息地及び区域の特徴（例えば、考古学上の遺跡、顕著なフィールド木及び古木等）を保護し、改善すること。

・支払いレート…1 ha当たり£200。

線形特徴の管理（Management of linear feature）
・目的…野鳥の生まれる生息地づくり、景観を改善するために、農場生け垣、生け垣、溝及び堤防を管理し、境界の線形の特徴を保全管理すること。
・支払いレート…農場生け垣（hedgerows-HED）が1m当たり£0.1、溝（ditches-DIT）が1m当たり£1、堤防（dykes-DYK）が1㎡当たり£0.1。

ヒース原野放牧地の管理（Management of moorland grazing）
・目的…広範囲の昆虫と同様に、鳥と他の動物のエサ場となるヒース原野放牧地内の管理により、広範囲な野生生物の生息地を促進すること。
・支払いレート…1 ha当たり£1。

イグサ牧草地の管理（Management of rush pasture）
・目的…生息地の確保のために、モザイク状の濃厚なイグサ牧草地を造成管理すること。
・支払いレート…1 ha当たり£125。

生物多様性・作物栽培（Biodiversity cropping on in-bye）
・目的…LFAの耕作に適している土地の保存価値を高め、鳥の多種類の種の増加に必要なエサ場を供給するために、従来からの輪作を実行することに対する支払い。
・支払いレート…通常1 ha当たり£40だが、奨励措置の場合は1 ha当たり£150。

冬刈り株保持（Retention of winter stubbles）
・目的…冬を生きる鳥のエサとなる刈り株を冬場に保持すること

に対する支払い。
・支払いレート…1 ha当たり£40。

野鳥粒餌混合（Wild bird seed mixture）
・目的…鳥と無脊髄動物に役立つ粒餌を混合播種することで、野鳥のエサ場となる小地片又は小地区を作ることに対する支払い。
・支払いレート…1 ha当たり£329。

夏牛放牧（Summer cattle grazing）
・目的…農業者にヒース（又は他の小灌木）を維持してもらうために、農業者が放牧地のバランスを維持管理、利用することに対する支払い。
・支払いレート…1 ha当たり£1。

土壌栄養管理（Nutrient management）
・目的…土壌の汚染拡散の減少のために、無機質及び有機質肥料（スラリー含む）の適切な使用管理に対する支払い。
・支払いレート…1 ha当たり£2。

アクセス改善（Improving access）
・目的…一般の人々のために、フット・パスの整備（ルート整備、標識表示など）によるアクセス改善に関わる経費に対する支払い。
・支払いレート…維持管理（Maintenance-IAP）パス面積1 m²当たり£2.75、踏越し段（Stile-IACS）施設項目当たり£150まで、案内標識（Signposts-IACP）施設項目当たり£150まで、橋梁（Bridges-IACB）施設項目当たり£150まで、ゲート（Gates-IACG）施設項目当たり£150まで、道路標識（Waymarkers-IACW）施設項目当たり£150まで、排水溝（Culvert-IACC）施

設項目当たり£150まで。

農場森林プランニング（Farm woodland planning）
・目的…農場における森林管理プランの策定に関わる支払い。
・支払いレート…森林1ha当たり£10。

農場森林管理（Farm woodland management）
・目的…農場における森林管理の実施に関わる経費に対する支払い。
・支払いレート…森林1ha当たり£30。

⑧2005年2月、EU委員会から事業実施が認可され、5～6月に申込み受付、参加申込者は約1万人で、登録土地管理者（land managers）の約50%でした。政府支出額は約1,700万ポンド（約34億円）で、すべてのオプションが取り上げられましたが、人気があった事業は、品質保証、動物健康福祉、アクセス改善、農業環境に関するプログラムでした。

3　行政支援を受けた農場の事例

　以上、スコットランドの主要な農村振興支援対策を紹介しましたが、次に、スコットランド南東部、Scottish Borders地域で行った農場事例調査の中から、行政支援を受けた2農場の事例を紹介しておきます。1番目の事例は、羊繁殖専門農場で、経営主の配偶者（妻）がツーリズム・ビジネス（自助型コテージ経営）を行っている農場です。2番目の事例は、有機畜産複合経営（繁殖用牛羊及び採卵鶏飼養）で、農業の高付加価値生産を目指している農場です。

事例1　Cossarhill Farm（羊繁殖専門、自助型コテージ経営）

(1) 農場経営

○農場概要
・農場主：Mr. Ogilvie Jackson
・所在地：Ettric Vally SELKIRK Scottish Borders, TD7 5JB, UK
・農場面積：461.94ha、うち粗放牧地（Rough Grazing）が439ha
・繁殖雌羊飼養頭数（ewes）：約650頭
・農場従事者：農場主（男53歳）1人。同配偶者（妻）は、自助型コテージ経営の傍ら、週3日、地元の学校事務のパート勤務。息子2人は家を離れ、他職業従事。

○羊繁殖経営状況
・年間約600頭の子羊が生まれ、うち雌約150頭は羊の入れ替えのためにキープし、450頭は生後6ヶ月のラムにしたうえで、肥育用羊として売却。売却は、オークションで売ることもあるが、ほとんど庭先取引。昨年の販売価格は1頭38ポンドだったが、今年は価格下落気味で30ポンド程度（約6千円）。出荷先はイングランド、カンブリア方面の酪農家が多く、酪農家は、冬期、乳牛が舎飼いとなるので、その間、買い入れた羊を半年程度、放牧肥育し、1年齢で屠畜に回し、1頭55～56ポンド程度で販売しています。
・繁殖雌羊（ewes）は、年1産で6産程度の後、1頭30ポンド程度で売却。更新のために売られた雌羊は、さらに低地で1～2産し、最終的には、イスラム教徒の食するマトンとなります。
・羊の放牧管理は、羊は育った場所に帰る習性があり、分娩時に一カ所に集めておいても、生んだ子羊を連れて分娩前にいた場

所へ帰っていく。一度、その習慣づけをしておけば、その後の維持管理が非常に楽になり、一人でも放牧飼養管理が可能。

○羊販売収入及び補助金（助成金）
・羊販売収入：18,000ポンド程度（600頭×＠30ポンド）
・単一農場支払い（Single Farm Payment）：約14,000ポンド
・LFASS助成金：約5,800ポンド
・LMCs助成金：3,962.05ポンド
・以上のごとく、直接補助金及び助成金の合計額は羊販売収入を上回り、農場主は、「補助金（助成金）なしでは農場経営は成り立たない」といっています。
・LMCsの申請で選択したオプション、申請単位及び申請額は以下の通り。

申請オプション	申請額
Option 1　（動物健康福祉管理プログラム）：	805.00 ポンド
Option 2　（品質保証および有機計画メンバーシップ）：	49.50
Option 7　（線形特徴の管理-ditches）：1,312.00mtr（メートル）	1,312.00
Option 7　（線形特徴の管理-dykes）：4,193.00sqmtr（平方メートル）	419.30
Option 9　（イグサ牧草地の管理）：11.01ha（ヘクタール）	1,376.25
計	3,962.05

(2) ツーリズム・ビジネス（自助型コテージ経営）

○立地条件
・Cossarhill Farmは、標高250～620mの起伏に富み、谷川が流れ、広々とした牧野、森林が傾斜面に展開する典型的なScottish Borders地域の丘陵地帯に位置し、農場内の谷川にはサケが産卵

に遡上し、保護対象の数多くの野生動植物の生息する環境保全地域内（Environmentally Sensitive Area-ESA）に立地しています。
・したがって、農場では、環境保全、景観維持に努めており、農場周辺一帯は恰好のグリーン・ツーリズム（ウオーキング、釣り等）の舞台となっています。

Cossarhill Farm

○事業経過
・経営者：Mrs. Daphne Jackson（農場主の妻）
・Mrs. Daphne Jacksonは、若い頃、乗馬選手だったので、乗馬ビジネスを始めたが、腰を痛め、止め、1992年、空き家となっていたコテージ（羊追い牧夫小屋）を買い取り、改装し、当初はB&Bにしたが、口締疫で遊歩道への立ち入りが禁止になったこともあって、自助型コテージ（Self Catering Cottage）にし、1999年に2軒目の自助型コテージを新築しました。2軒目の建設経費は全体で8万5千ポンドでしたが、FBDS（Farm Business Diversification Scheme）の申請で2万5千ポンドの補助金が支給されました、1軒目のローンは来年（2006年）で終了しますが、2軒目のローン返済は残り30年となっています。
○営業実績
・開業1年目は、エイジェントに利用客を仲介してもらい、営業に関わるいろいろな勉強をしたが、2年目からは独り立ちし、

リピーター客が多くなった。コテージ客の受け入れは週単位で、受け入れ状況は、これまで好成績の年には、年間40週も埋まったが、通常は、年間約33週程度といっています。

・1軒目のコテージは"Crook Cottage"、2軒目のコテージは"Elspinhope Cottage"の名称で営業しています。両コテージの間取りは寝室及び寝具、リビング、キッチン、バス・トイレからなり、施設装備は、詳しくは省略しますが、カラーテレビ、電気冷蔵庫、電気洗濯機、調理器具及び食器類、その他家具一式が揃っています。両コテージとも、スコットランド観光局（Scottish Tourist Board、通称"VisitScotland"）の四星マークの付いたSelf Catering Cottageで、1998年から始まったスコットランドのグリーン・ツーリズム・ビジネス計画（Green Tourism Business Scheme）の品質保証評価に基づくGTBS賞で第一位となり、金賞を獲得しています。

・VisitScotlandがスポンサーとなり、TNS TRAVER & TOURISM社が実施しているスコットランドのSelf Catering利用状況調査結果（SCOTTISH SELF OCCUPANCY SURVEY）によると、2005年1月から8月までの当農場コテージの利用状況、当該地域及びスコットランド平均のコテージ利用率は下記の通りです。

Self Catering Cottage利用率（2005.1～8）

(%)

	1月	2月	3月	4月	5月	6月	7月	8月
当農場コテージ	15.4	76.5	79.0	21.7	90.3	90.0	98.4	100.0
地域平均	24.5	39.6	35.9	47.5	56.3	73.1	81.8	86.9
スコットランド平均	29.0	34.4	42.5	49.8	58.0	71.2	78.8	87.2

- すなわち、1月、4月を除くと、他の月は当農場コテージの利用率が、地域平均、スコットランド平均を上回っており、全体として、好成績を収めています。客筋は、大部分がイングランド方面からのリピーター客ですが、海外からの客もあり、特に、オーストラリアからのリピーター客を受け入れています。
- 利用料金は、週単位で決められており、客が多い7、8月と年末は高く、客の少ない1月から4月までは安いといったごとく、月によって変わります。ちなみに、2005年の7、8月は週当たり450ポンド（約9万円）、年末は500ポンド（約10万円）だが、1～2月は215～225ポンド（約4万5千円）、5～6月は325～400ポンド（約7万3千円）、9～10月は350ポンド（約7万円）です。
- 年間売上げは定かではありませんが、事情聴取によれば、羊販売収入を上回っているようです。ちなみに、仮に週利用料金平均単価を350ポンドとすれば、33週×2棟×@350ポンド＝23,100ポンドとなります。
- 当農場コテージの"売り"は、野生動植物の観察、ウオーキング、美しい景観と自然に囲まれた環境の中でのリラックス、サケ釣り。

事例2　Oakwood Mill Farm（有機畜産複合経営）

(1) 農場概要及び設立経緯

〇農場概要
- 農場主：Mr. Giles Henry
- 所在地：Oakwood Mill SELKIRK Scottish Borders, TD7 SEZ,

UK
・農場面積：218ha（平坦地105ha、丘陵地113ha）
・家畜飼養：繁殖牛40頭、繁殖羊400頭、採卵鶏4,000羽に去勢雄豚若干
・農場従事者：農場主と雇用1名（男）

○設立経緯
・農場主は、非農家出身ですが、「カレッジ在学中、農場でのアルバイトがキッカケで、農業に関心を抱き、就農を志すようになった」といっています。
・学校卒業後、10年間、モルト種子会社に勤務した後、Bordersの丘陵地帯で羊飼い牧夫となりました。牧夫としての8年間の経験を積んでから、1996年5月、借地契約を結び、現在の農場を立ち上げました。すなわち、農場主は新規参入農業者です。
・Oakwood Millは、Selkirkの西2マイル、Ettrick Valley地域に位置し、Buccieuch公爵（スコットランド最大の地主）の"Bowhill Estate（バウヒル地所）"の一部で、農場の土地は、「バウヒル地所」からの借地です。借地契約は10年契約（a 10 year Limited Partnership Agreement）となっています。
・有機畜産を目指した理由については、「1996年、BSE問題が起こり、スコットランド農業は大きな打撃を受けていた。また、借地は、平坦な土地が260エーカー（105ha）しかないので、経営を確立するには、高品質（High quality）な家畜生産で付加価値を高める以外に方法がないと考えたからで、農場開設に当り、政府の有機助成計画（Organic Aid Scheme）を申請した」といっていました。

- Oakwood Mill Farmは、1996年からOrganic Aid Schemeの助成で有機転換を図り、2001年10月、有機農業認証機関から"完全有機状態（full Organic Status）"と認証され、以来、完全有機状態を保ってきました。

Oakwood Milll Farm

- Organic Aid Schemeの対象となったOakwood Mill Farmの土地は、適格な耕作地12ha（ホールクロップサイレージ栽培地）、改良草地93ha、放牧地113haであり、施設整備関係の助成金は除き、対象となった土地に対する助成金総額は、5カ年の有機コンバージョン、5カ年の有機メンテナンス、計10カ年で87,735ポンド（約1,750万円）となります。

(2) 家畜飼養及びマーケティング
○牛
- 牛は、夏場に放牧する丘陵地の草が食べきれないので、冬期も、ストレート配合の補完飼料のみで、丘陵地に放牧しておく。
- 子牛はすべて春産、子牛は、最初の冬は舎飼いですが、その翌年からは、放牧状態で越冬となります。
- 舎飼い牛のエサを確保するために、30エーカー（12ha）の土地でホールクロップサイレージ用の大麦・小麦を栽培し、その下作物として、ライグラスとクローバーを混播しています。
- メス牛は、後継牛として保持するか、又は、繁殖牛として販売。

オス子牛（去勢牛）は農場で肥育、肥育牛は、Waitrose社（英国のスーパー）に牛肉を供給するDovecote Park社に直接販売。

○羊
- 雌羊は5月に出産。繁殖の後継雌羊は純粋に繁殖された純血タイプのCheviot種の雌羊。雌羊は、集中飼養せず、野外で種付、出産としており、簡単な管理システムとなっています。
- 子羊（lambs）は、Farm Stock（Scotland）社を通して販売、そのラム肉は、テスコ（Tesco）、アスダ（ASDA）、マーク・アンド・スペンサー（Mark & Spencer）等、英国有数の大手スーパー）に供給されています。

○採卵鶏
- 2002年2月、Glenrath Farm社（スコットランド最大の農産物取り扱い業者）との販売契約で、月々規則的な所得をもたらす平飼い鶏卵生産（Free Range Egg Production）」のために、雌鶏2,000羽導入。
- 2004年7月、第二鶏舎の建設で雌鶏羽数は2倍（4,000羽）となる。
- 現場で確認した採卵養鶏の特徴を指摘しておくと、雌鶏は、流出および外部の野生動物の侵入を防ぐために囲われた広い土地での放し飼いで、エサを食べ、産卵するときに鶏舎に戻り、鶏舎への出入りが自由といった状態で、きわめて省力的な飼養管理となっています。
- 雌鶏の放し飼いの場所は、病気を防ぐために、13～14ヶ月で場所替えとなり、その際、鶏舎も移動しなければならないが、鶏舎は移動に便利な組立式となっています。

○その他
・Oakwood Mill Farmでは、消費者に牛肉とラム肉を直売し、また、鶏卵も、農場内に無人販売スタンドを設置しています。農場主は、「消費者との結びつきを広げ、直売ビジネスの発展を図りたい」といっています。

Ⅳ　まとめ——スコットランド農村振興支援対策の特徴

1　公共性

　スコットランドの農村振興計画は、その基本的枠組みはEUの「農村振興規則」で決まっていますが、具体的な支援対策はスコットランド農村の実情に即して策定されています。各対策に共通する重要な特徴としては、まず、公共性をあげておく必要があると思われます。

　すなわち、「環境助成」、「ビジネス助成」、「食料安全助成」の助成内容は、いずれも公共的性格をもった取り組みを重視しています。「環境助成」の公共的性格は、敢えて説明するまでもありませんが、LMCsの事業メニューは、公共性をもった取り組みをかなりきめ細かく規定しています。また、「ビジネス助成」及び「食料安全助成」にしても、事業目的として、良好な公共財の提供、人々のクォリティー・オブ・ライフ（質の高い生活）の実現を掲げ、それに即した事業内容を規定しています。

2　体系性・相互関連性

　次に、農村振興支援対策は、一応、「環境助成」、「ビジネス助成」、「食料安全助成」と区分されますが、各対策間の体系性・相互関連性が特徴として指摘されます。

　ちなみに、FBDS（農場ビジネス振興計画）とWFRS（農場全体見直し計画）を取り上げてみますと、助成の主目的は、両方とも、「ビジネス助成」ですが、FBDSの助成内容はビジネス立ち上げの施設経費に対する助成が中心で、いわばハード助成であり、WFRSの助成内容は農場ビジネスを担う人材の能力向上・トレーニングに要する経費に対する助成で、いわばソフト助成です。両対策は相互に関連し、補完し合うことで、より効果的な実践を可能にする体系性をもったものとなっています。

　また、「環境助成」中心のLMCsと「ビジネス助成」中心のFBDSとは、密接な関連性をもっています。たとえば、FBDSで立ち上げる農場ツーリズム・ビジネスにとって、地域特有の田園環境及び景観は重要なセールス・ポイントであり、田園の環境保全・景観維持は欠かせません。したがって、LMCsによる「環境保全、景観・生態系の維持」は農場ツーリズム・ビジネスの展開に重要な役割を担うものとなります。ちなみに、事例調査対象となったScottish Borders地方のCossarhill Farmの場合、農場主の妻は2軒の自助型コテージ（self catering cottage）を経営し、好成績をあげていますが、それは、経営者の人柄及び経営能力にもよりますが、セールス・ポイントは「野生動植物の観察、ウォーキ

ング、美しい景観と自然に囲まれた環境の中でのリラックス、サケ釣り」で、農場内にサケが遡上するといった、すばらしい自然環境に支えられています。同農場では、これまでも環境保全に大きな関心を払い、環境整備・景観維持に取り組んできましたが、さらに、LMCsの受入で環境整備をすすめています。

3　個別農場の取り組みに対する支援助成

　そして、三番目の特徴として、個別農場の取り組みに対する支援助成があげられます。すなわち、我が国の場合、個別農家の資産形成につながる施設投資に対しての補助金交付は、原則として、行われていませんが、スコットランドの補助事業では、通常、個々の農場の申請に基づき、個々の農場に補助金が交付され、個々の農場が自主的に取り組んでいます。ちなみに、我が国の場合、個々の農家が民宿を開業する場合、その施設投資に対する助成金交付は原則としてありませんが、上記Cossarhill Farmの場合、2軒目のコテージ設置に当たり、FBDS（Farm Business Diversification Scheme）の申請で2万5千ポンド（約500万円）の補助金を得ています。そうした助成金交付がグリーン・ツーリズム推進に大きな役割を果たしている点に注目しておく必要があります。

　また、事例調査対象となった政府の有機助成計画（Organic Aid Scheme）で有機畜産経営を実践しているScottish Borders地方のOakwood Mill Farmの場合、5カ年の有機コンバージョン、5カ年の有機メンテナンス、計10カ年で8万7千ポンド（約1,700万円）

超える助成金を受け取っています。スコットランドでは、我が国と違い、環境保全型農業の育成に本格的に取り組んでいる様子がうかがえます。

　以上、スコットランドの農村振興支援対策の特徴として、公共性、体系性・相互関連性、助成金申請・交付の個別性、事業主体の自主性を指摘しましたが、我が国とスコットランドとでは、諸条件が異なるので、もちろん、我が国では、我が国の諸条件に即した農村振興支援対策を構築しなければならないと思います。しかし、我が国でも、農村振興支援対策の相互関連性・体系性、公共性といった点は、十分考慮しなければならないし、また、助成金申請・交付の個別性についても、環境保全・景観維持等に関する厳格なクロス・コンプライアンスの設定を前提として、今後、検討していく必要があると思われます。

以上

資料リスト
(1) Scottish Executive Environment and Rural Affairs Department (SEERAD) , "Economic Report on Scottish Agriculture 2005 Edition" the Governmental Statistical Service.
(2) SEERAD, "Agriculture Facts and Figures 2005"
(3) SEERAD, "Scottish Agricultural Census Summary: June 2004"
(4) SEERAD, "Abstract of Scottish Agricultural Statistics 1982 to 2004"
(5) SEERAD, "FARM INCOMES IN SCOTLAND 2003/04"
(6) Scottish Executive, "RURAL DEVELOPMENT REGULATION (EC) ON 1257/1999RURAL DEVELOPMENT PLAN FOR SCOTLAND (AMENDED FEBRUARY 2005)"
(7) SEERAD, "Annual Rural Report 2004"
(8) SEERAD, "Rural Scotland Key Facts 2004"
(9) University of Aberdeen Department of Agriculture & Forestry and Macaylay Land Use Research Institute, "Agriculture's contribution to Scottish society, economy and environment" February 2001.
(10) Scottish Executive, "Less Favoured Areas Support Scheme LFASS 2005, EXPLANATORY NOTES"
(11) SEERAD, "Single Farm Payment Scheme INFORMATION LEAFLET (Oct. 2004)"
(12) SEERAD, FARM BUSINESS DEVELOPMENT SCHEME (FBDS), EXPLANATORY BOOKLET"
(13) SEERAD, "Farm Business Advice and Skills Service (Farm BASS) – Whole Farm Review Scheme: Information Pack"
(14) SEERAD, "Land Management Contract Menu Scheme 2005, Notes for Guidance"
(15) SEERAD, "Scottish Executive Organic Annual Report 2004"

著者：井上和衞（いのうえ　かずえ）

【略歴】
東京教育大学農学部卒業、㈶労働科学研究所勤務、同社会科学研究部長、明治大学農学部教授、同農学部長を経て、現在、明治大学名誉教授、㈶都市農山漁村交流活性化機構理事。

【主要著書】
『農業近代化と農民』（労働科学研究所出版部）、『環境保全型農業への挑戦』（筑波書房）、『日本型グリーン・ツーリズム』（都市文化社）、『農村再生への視角』（筑波書房）、『ライフスタイルの変化とグリーン・ツーリズム』（筑波書房）、『井上和衞著作集　高度成長期以後の農業・農村【上】【下】』（筑波書房）、『都市農村交流ビジネス』（筑波書房）など。

筑波書房ブックレット　暮らしのなかの食と農　㉜
条件不利地域農業　英国スコットランド農業と農村開発政策

定価は表紙に表示しております

2006年3月30日	第1版第1刷発行
著　者	井上和衞
発行者	鶴見淑男
発行所	筑波書房
	〒162-0825　東京都新宿区神楽坂2-19　銀鈴会館内
	電話03-3267-8599　郵便振替00150-3-39715
	URL　http://www.tsukuba-shobo.co.jp

印刷／製本　平河工業社　装幀　古村奈々＋Zapping Studio
© Kazue Inoue 2006 Printed in JAPAN
ISBN4-8119-0297-1 C0036

筑波書房ブックレット　暮らしのなかの食と農シリーズ

① 問われる食の安全性
中村 靖彦 著　Ａ５判 定価（本体750円＋税）
相次ぐ食品偽装問題やBSE問題など、今後の食品安全の課題を縦横無尽に語る。

② コメから見た日本の食料事情
北出 俊昭 著　Ａ５判 定価（本体750円＋税）
日本の食料事情をコメの自給率や生産・消費の状況をふまえ報告する。

③ ライフスタイルの変化とグリーン・ツーリズム
井上 和衛 著　Ａ５判 定価（本体750円＋税）
生活様式の変化に見合った都市と農村の交流のあり方を提言する。

④ 地産地消が豊かで健康的な食生活をつくる
三島 徳三 著　Ａ５判 定価（本体750円＋税）
日本人の健康と食生活を豊かで健康的にするための方策を提言する。

⑤ 食料はだいじょうぶか ── 食料問題の総点検
滝澤 昭義 著　Ａ５判 定価（本体750円＋税）
食に関する疑問を総点検してわかりやすく解説する。

⑥ 食品トレーサビリティ ── 消費者の信頼回復をめざして
細川 允史 著　Ａ５判 定価（本体750円＋税）
食品安全性に関し消費者への信頼の回復のあり方の方策を提言する。

⑦ 海外における有機農業の取組動向と実情
㈱農林中金総合研究所 蔦谷 栄一 著　Ａ５判 定価（本体750円＋税）
海外のおもな国の有機農業、有機食品への取組状況等を紹介する。

⑧ 生産者と消費者が育む有機農業
岸田 芳朗 著　Ａ５判 定価（本体750円＋税）
これからの有機農業を支える生産者のとりくみと消費者との共生を語る。

⑨ 有機農業と消費者のくらし
白根 節子 著　Ａ５判 定価（本体750円＋税）
肥料や農薬漬けの食文化から、自然摂理に合った食生活への転換を提唱する。

⑩ 中国産農産物と食品安全問題
大島 一二 著　Ａ５判 定価（本体750円＋税）
輸入農産物の安全性について、中国の農業生産の実情や農産物輸出システムを検討する。

⑪ 水土里（みどり）の再生
岡部 守 著　Ａ５判 定価（本体750円＋税）
土地改良区の愛称である水土里（みどり）を解説し、その問題点や役割をさぐる。

⑫ 魚と食と日本人 ── 日本の漁業を考える
増井 好男 著　Ａ５判 定価（本体750円＋税）
日本人は魚を昔からよく食べる。その魚に対してどのように関わってきたのかさぐる。

⑬ WTOと世界農業
村田 武 著　Ａ５判 定価（本体750円＋税）
世界貿易機関（WTO）の農産物自由貿易主義をわかりやすく解説する。

⑭ WTOとアメリカ農業
鈴木 宣弘 著　Ａ５判 定価（本体750円＋税）
アメリカのWTO農産物貿易交渉戦略と国内農業保護政策がどのような内容なのか解説する。

⑮ WTOと中国農業
㈱農林中金総合研究所 阮 蔚 著　Ａ５判 定価（本体750円＋税）
WTO加盟の中国農業に及ぼす中長期的影響を分析する。

⑯ WTOと日本農業
田代 洋一 著　Ａ５判 定価（本体750円＋税）
歴史的・国際的な背景のなかで「WTOと日本農業」を考える。

⑰ WTOとカナダ農業 ── NAFTAとグローバル化は何をもたらしたか
松原 豊彦 著　Ａ５判 定価（本体750円＋税）
カナダ農業・農政の変貌を北米自由貿易協定（NAFTA）の動きと関わらせて解説する。

⑱ FTAとタイ農業・農村
山本 博史 著　Ａ５判 定価（本体750円＋税）
タイ農業の実態、対日輸出戦略を解説する。

⑲ 有機農業と米づくり ── 自然の循環機能を活かした有機稲作
稲葉 光國 著　Ａ５判 定価（本体750円＋税）
無農薬・有機稲作が全ての面で慣行栽培を凌駕する程の完成度を高めたのかを解説する。

⑳ 有機農業と野菜づくり
佐倉 朗夫 著　Ａ５判 定価（本体750円＋税）
作物の本来持っている生命力を引き出す健康な野菜の栽培方法を解説する。

㉑ 有機農業と畜産
大山 利男 著　Ａ５判 定価（本体750円＋税）
日本国内における有機畜産の展開の可能性と課題について述べる。

㉒ グリーン・ツーリズムの現状と課題
山崎 光博 著　Ａ５判 定価（本体750円＋税）
日本でのグリーン・ツーリズム活動の現状と課題をわかり易く解説。

㉓ むらの話題、世間の話題
森川 辰夫 著　Ａ５判 定価（本体750円＋税）
農村生活からみた世間の動きや、むらと世間のあり方をまとめた一冊。

㉔ 都市農村交流ビジネス ── 現状と課題
井上 和衛 著　Ａ５判 定価（本体750円＋税）
全国で展開している新しい農村、都市農村交流ビジネスの展開状況を紹介する。

㉕ 日本の農産物直売所 ── その現状と将来
浅井 昭三 著　Ａ５判 定価（本体750円＋税）
農産物直売所発展の背景・事情について消費・生産の両サイドから検討する。

㉖ **食料・農業・農村基本計画の見直しを切る** ── 財界農政批判
田代 洋一 著　Ａ５判 定価（本体７５０円＋税）
見直しの論議の背景を世界と日本の今日的状況の中で考える。

㉗ **ＦＴＡと日本の食料・農業**
鈴木 宣弘 著　Ａ５判 定価（本体７５０円＋税）
ＦＴＡ推進と日本の食料・農業をその中でどう扱うかについて展望する。

㉘ **コーヒーとフェアトレード**
村田 武 著　Ａ５判 定価（本体７５０円＋税）
世界各国に広まっているフェアトレード運動の意義を解説する。

㉙ **農協の経営問題と改革方向**
青柳 斉 著　Ａ５判 定価（本体７５０円＋税）
農協が抱えてきた経営問題をたどり、事業改革の実践課題を提起する。

㉚ **緊迫　アジアの米** ── 相次ぐ輸出規制
山田 優 著　Ａ５判 定価（本体７５０円＋税）
アジアの米輸出国の取材をもとに、「米」にかかわる様々な問題を報告する。

㉛ **今、ここがあぶない日本の農業**
白石 雅也 著　Ａ５判 定価（本体７５０円＋税）
各地域において抱えている問題点を指摘し、その解決策を引き出す。

㉜ **条件不利地域農業** ── 英国スコットランド農業と農村開発政策
井上 和衛 著　Ａ５判 定価（本体７５０円＋税）
条件不利地域農業の現状と農村開発政策の取り組み状況を紹介する。

㉝ **現代東アジア農業をどうみるか**
村田 武 著　Ａ５判 定価（本体７５０円＋税）
近年のアジア農業の動向を報告する。

㉞ **現代日本の農協問題**
山本 博史 著　Ａ５判 定価（本体７５０円＋税）
農民・消費者を含む国民的課題解決のための真の協同組合としての改革の方向をさぐる。

㉟ **協同組合本来の農協へ** ── 農協改革の課題と方向
北出 俊昭 著　Ａ５判 定価（本体７５０円＋税）
協同組合原則と価値実現を目指し、農業・農村の実態に即した農協改革を提言する。